Christa Zwergel

Kreative
Aufbaukeramik

Gestalten mit Ton in der Plattentechnik

frechverlag

Abbildung Seite 1:

Die mit Rosen gefüllte Herzvase ist ein Dankeschön an die Menschen, die mir geholfen haben, daß dieses Werkbuch entstehen konnte.

Zuschnitt und Aufbau finden Sie auf Seite 8 und 22; das Muster hat hier die Form eines Herzens.

Von Christa Zwergel ist im frechverlag ein weiterer Titel erschienen:

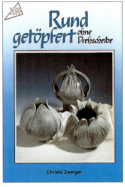

TOPP 1661

Schritt-für-Schritt-Aufnahmen: Harry M. Zwergel, Kassel
Fotos: frechverlag GmbH + Co. Druck KG, 70499 Stuttgart; Fotostudio Ullrich & Co., Renningen

Materialangaben und Arbeitshinweise in diesem Buch wurden von der Autorin und den Mitarbeitern des Verlags sorgfältig geprüft. Eine Garantie wird jedoch nicht übernommen. Autorin und Verlag können für eventuell auftretende Fehler oder Schäden nicht haftbar gemacht werden. Das Werk und die darin gezeigten Modelle sind urheberrechtlich geschützt. Die Vervielfältigung und Verbreitung ist, außer für private, nicht kommerzielle Zwecke, untersagt und wird zivil- und strafrechtlich verfolgt. Dies gilt insbesondere für eine Verbreitung des Werkes durch Film, Funk und Fernsehen, Fotokopien oder Videoaufzeichnungen sowie für eine gewerbliche Nutzung der gezeigten Modelle.

| Auflage: 5. 4. 3. | Letzte Zahlen | © 1997 |
| Jahr: 2001 2000 | maßgebend | |

frechverlag GmbH + Co. Druck KG, 70499 Stuttgart
ISBN 3-7724-2181-4 · Best.-Nr. 2181   Druck: frechverlag GmbH + Co. Druck KG, 70499 Stuttgart

*Mit meinem zweiten
Werkbuch möchte ich Ihnen wieder
Möglichkeiten an die Hand geben,
mit einfachen Mitteln
schöne Keramiken zu gestalten:
aus Platten, zugeschnitten nach Maß
oder frei Hand, entstehen aus
wenigen Grundelementen Vasen, Schalen,
Teller und Blüten.*

*Anhand der gezeichneten Muster und den
Schritt-für-Schritt-Fotos werden Sie schnell mit der
jeweiligen Arbeitstechnik vertraut.*

*Die vielfältige Abwandlung der Formen und die
Gestaltung der Oberflächen
verleihen jedem keramischen Werk
ein individuelles Aussehen.*

*Mit diesem Buch möchte ich Ihnen
meine Erfahrung und schöpferische
Freude am Tonen weitergeben.*

Christa Zwergel

Grundwissen über das Arbeiten mit Ton

Wer mit Ton arbeitet, muß das Wesentliche über die Technik des Formens, Trocknens und Brennens wissen. Ohne theoretische Kenntnisse und praktische Erfahrung erlebt der Anfänger sonst einige Enttäuschungen.
Wie bei allen handwerklichen Beschäftigungen ist es nötig, sich schrittweise in die Materie einzuarbeiten. Mit dem bildsamen Material Ton läßt sich das spielerisch und experimentell gut erkunden.

Der Arbeitsplatz

Solange man einige Grundsätze beachtet, kann der Arbeitsplatz überall eingerichtet werden. Am besten kann man auf einer Preßspanplatte arbeiten, es geht aber auch auf Zeitungspapier. Nur Kunststoffplatten eignen sich nicht so gut, weil der Ton darauf leicht festklebt. Es empfiehlt sich, bei Arbeitsunterbrechungen ein angefeuchtetes Tuch oder eine Plastikfolie über den zu verarbeitenden Ton zu legen, da er sonst leicht austrocknet. Sollte dies trotzdem einmal geschehen, schlägt man den Ton (auch Reste) zu einem Klumpen zusammen, sticht rundum Löcher hinein, packt ihn dann in ein gut angefeuchtetes Tuch und steckt alles in eine Plastiktüte, die verschlossen wird. Nach ein paar Stunden kann der Ton wieder verarbeitet werden.

Werkzeug

Geschickte Hände beim Umgang mit Ton ersetzen manches Werkzeug. Dennoch braucht man als Grundausstattung:

- Maßband, Zirkel,
- Rollholz, Rührlöffel
- 2 Holzleisten; 7,5 mm dick
- Gabel, spitzes Messer
- Teigschaber (oder ein Stück biegsamer Kunststoff)
- Modellierhölzer in verschiedenen Ausführungen
- Modellierschlinge
- Schwamm
- Tonschneider (aus Draht oder Perlon)
- Musterpapier, Schere

Zum Glasieren: Eimer, Schüssel, Schöpfkelle, Glasursieb, Pinsel verschiedener Größe, Meßbecher (Hinweise zum Glasieren siehe Seite 7).

Was ist Ton?

Ton ist ein Verwitterungsprodukt feldspathaltigen Sedimentgesteins, wie zum Beispiel Granit, Gneis, Basalt.

Plastische Tonmasse

Die wichtigsten Eigenschaften des Tones sind seine Plastizität oder Bildsamkeit. Er läßt sich in feuchtem Zustand beliebig formen und bearbeiten.

Für die im Buch gezeigten Arbeiten wurde gebrauchsfertiger Ton mit 20% Schamotte-Anteile, Körnung 0-0,5 mm verwendet. Der Fachhandel bietet verschiedene Sorten an, die sich meist nur in Farbe, Körnung und durch die Höhe der Brenntemperatur unterscheiden: weiß (bis 1250 °C), rot (bis 1200 °C) und schwarz (bis 1150 °C).

Schlagen und Kneten des Tons

Die häufigsten Ursachen für Bruch, Risse oder sonstiges Mißlingen der Gefäße sind: Luftblasen im Ton, die sich beim Brennen ausdehnen und das Werkstück sprengen, ungleichmäßiges Ausrollen, ungleichmäßige Stärke der Tonmasse, was meist zu unterschiedlichen Schwindungen und dadurch beim Trocknen und Brennen zu Spannungen und Rißbildungen führt.

Am einfachsten ist es, den Ton vor dem Verarbeiten auf der Arbeitsplatte (wie Brotteig) zu kneten oder kräftig auf die Kante aufzuschlagen, um Luftblasen herauszubringen.

Tonstück einrillen

Eine andere Möglichkeit, den Ton von Lufteinschlüssen zu befreien, ist, das Tonstück mit den Fingerspitzen einzurillen. Von der Unterseite her wird der Ton dann mit dem Schneidedraht in zwei Hälften geteilt. Die beiden Hälften werden mit den gerillten Flächen kräftig zusammengeschlagen.

Mit der Drahtschlinge halbieren

Das Einrillen, Teilen, Aufeinanderschlagen muß so oft wiederholt werden, bis die Schnittfläche des Tonstückes weder Luftblasen noch Schichtung aufweist.

Gerillte Flächen aufeinanderschlagen

Was geschieht beim Trocknen und Schwinden?

Beim Trocknen verringert sich durch Entweichen des Wassers das Volumen um etwa 3-10% (bei fertig gekauftem Ton meist um 10%). Die Gefäße werden kleiner, sie schwinden. Das Trocknen muß deshalb langsam und gleichmäßig vonstatten gehen, um Risse, Sprünge und Verformungen zu vermeiden.

Das Trocknen der Gefäße

Die Dauer des Trocknens fertig gearbeiteter Tongefäße hängt ab von: der Raumtemperatur, der Luftfeuchtigkeit, der Größe und der Stärke der Gefäßwand. Zu Beginn muß man die Gefäße häufiger auf eine frische Unterlage (Platte oder Zeitungspapier) setzen, damit auch der Boden gleichmäßig trocknet. In der ersten Zeit des Trocknens soll das Gefäß mit einer Plastikfolie abgedeckt werden. Abstehende Teile wie Henkel, Tüllen und Ränder müssen bis zum völligen Abtrocknen zusätzlich durch Zeitungspapier vor zu schnellem Austrocknen geschützt werden.

Roh- oder Schrühbrand

Durch den Schrüh- oder Rohbrand (bei 900 °C) wird der Ton hart. Man nennt ihn jetzt Scherben. Der Scherben ist trotz des Brandes noch porös und wasserdurchlässig. Dies wirkt sich beim Glasieren positiv aus, da der Scherben noch saugfähig ist und die festen Teilchen des Glasurschlammes aufnimmt und sie an die Oberfläche bindet.

Glasuren

Die Glasur verändert nicht nur das Aussehen des Werkstückes, sondern macht auch den porösen Scherben wasserundurchlässig, stoß- und bruchfest. Da das Herstellen von Glasuren lange Erfahrung und viele Experimente mit zahlreichen Materialien erfordert, sind die im Handel erhältlichen fertigen Glasuren mit ihrer reichen Vielfalt an Farben vom Hobbytöpfer vorzuziehen. Man kann trotzdem eine Reihe von schönen und interessanten Glasuren mit eigener Note durch das Ausprobieren von Fertigglasuren herstellen. Wenn man dazu noch mit verschiedenen farbigen Tonen arbeitet, auf denen ein und dieselbe Glasur unterschiedliche Farbeffekte zeigt, kann man meist mit dem Ergebnis sehr zufrieden sein.

Es ist angebracht, daß man von jeder neuen Glasur eine Probe brennt, bevor man sein Gefäß damit begießt. Man nimmt zehnmal 10 cm große geschrühte Tonplättchen – je nach Wunsch aus weißem, rotem und schwarzem Ton –, begießt sie alle mit derselben Glasur und brennt sie mit der erforderlichen Temperatur (siehe Packungsangabe). Ist man mit dem Ergebnis zufrieden, kann man seine Werkstücke damit glasieren. Gefällt einmal ein glasiertes Stück nicht, begießt man es ein zweites Mal mit Glasur und brennt es nochmals. Der Erfolg *kann* verblüffend sein!

Für Eß- und Gebrauchskeramik dürfen *keine bleihaltigen Glasuren* verwendet werden. Darauf ist schon beim Kauf der Glasuren zu achten.

Ansetzen von Glasuren

Das Glasurpulver aus dem Handel wird mit Wasser zu einem dicken Brei angerührt. Der Glasurbrei bleibt 2 bis 3 Stunden stehen. Dann wird er zweimal durch ein im Handel erhältliches Glasursieb gestrichen und noch soviel Wasser dazugegossen, bis die Glasur eine Konsistenz ähnlich dünnflüssiger Dosenmilch erreicht hat. Da sich durch das unterschiedliche spezifische Gewicht der verschiedenen Glasurrohstoffe manche Glasuren rasch absetzen, müssen sie beim Verarbeiten immer wieder umgerührt werden.

Zum Aufbewahren der angerührten Glasur eignen sich am besten Plastikeimer verschiedener Größe mit Deckel.

Das Glasieren

Die zu glasierenden Gefäße sollen immer staub- und fettfrei sein. Man glasiert die Werkstücke über einer Schüssel. Ist das Gefäß groß und schwer, legt man zwei Leisten über die Schüssel und stellt das Gefäß darauf. Man begießt mit einem Schöpflöffel von oben nach unten. Die Glasur kann aber auch durch Spritzen, Tauchen oder mit dem Pinsel aufgetragen werden. In der Kursarbeit hat sich das Begießen als die beste Methode erwiesen; sie bringt sehr gute Ergebnisse. Hohlgefäße werden immer erst innen glasiert. Dazu füllt man das Gefäß bis knapp zu einem Drittel mit Glasur. Dann dreht man das Gefäß im geneigten Zustand und gießt während des Drehens die Glasur langsam wieder heraus. Dabei ist darauf zu achten, daß jede Stelle mit Glasur bedeckt ist. Man läßt die Glasur innen kurz trocknen, begießt dann das Gefäß auch von außen und läßt es wieder trocknen. Wenn an manchen Stellen die Glasur zu dick ist oder sich Tropfen oder Rinnen gebildet haben, kann man sie mit dem Finger vorsichtig abreiben. Zum Schluß muß der Boden des Gefäßes sehr sorgsam mit einem feuchten Schwamm sauber gewischt werden, damit das Gefäß beim Brennen nicht durch die am Boden haftende Glasur an der Brennplatte festklebt.

Glatt- oder Glasurbrand

Der Glasurbrand ist der zweite Brand. Das Aufschmelzen des Glasurschlamms auf den vorgebrannten Scherben erfolgt bei um 200 °C - 300 °C höheren Temperaturen als beim Schrühbrand. Mit höherer Brenntemperatur wird das Gefäß immer dichter. Die Endtemperatur hängt von der Zusammensetzung des Tones und der Glasur ab. Bei fertigen Glasuren sind die Brenntemperaturen fast immer angegeben. Der Glattbrand wird im Unterschied zum Rohbrand mit nur geringer Vorheizzeit durchgeführt; aus diesem Grund ist unbedingt davon abzuraten, rohe Werkstücke mitzubrennen. Tut man es trotzdem, zerspringen häufig die rohen Teile und die glasierten Stücke werden beschädigt.

Vase aus Blattmotiven
Abbildung Seite 11

Wie der Name „Plattentechnik" sagt, werden die Keramiken aus einzelnen Platten aufgebaut. Man kann diese Platten aus Ton frei Hand oder, wie hier gezeigt, nach Mustern zuschneiden. Die nachfolgenden Arbeitsschritte erschließen die Grundlagen dieser Technik.

Mit der Gabel auf die ausgeschnittenen Blätter ein Muster eindrücken

Zum Ausrollen der Tonplatte rechts und links zwei Leisten von 7,5 mm Dicke anlegen, um gleiche Ergebnisse für alle Platten zu erreichen.
Für die hier gezeigte Vase hat das Papiermuster die Form eines Blattes.

Da es schwierig ist, vorher einen genau passenden Boden zuzuschneiden, nimmt man nach Augenmaß eine etwas größere Bodenplatte.

Die zusammenzufügenden Teile werden, nachdem sie lederhart sind, *in Form gebracht*, an den Kanten *aufgerauht und eingeschlickert*, danach *auf die Bodenplatte gestellt*.

Schlicker ist mit Wasser angerührter Ton, der eine Konsistenz etwa wie Mayonnaise hat.

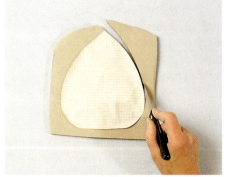

Muster auflegen und ausschneiden

Das Gefäß wird an den Seiten *zusammengefügt* und die Spitze der Blätter *in Form gebogen*. Dann wird das Gefäß innen und außen mit Hilfe des Modellierholzes sauber *verbunden und verarbeitet*.

Nach dem Schrühbrand

Der Boden wird *in Form geschnitten*. Dabei muß dieser 5 mm überstehen, um ihn mit dem Modellierholz außen *hochziehen und verarbeiten* zu können. Danach wird innen an der Berührungslinie von Seitenteilen und Boden ein dünner Tonwulst eingelegt und verarbeitet. Nur so wird das Gefäß dicht.

Nach dem Glasurbrand

Die Maße der Schüssel:
Boden 28 cm Ø, Einzelblätter 22 cm hoch und 18 cm breit.

Anleitung Seite 12

Die Maße der Vasen:
Große Vase:
22 cm hoch und 18 cm breit
Kleine Vase:
20 cm hoch und 16 cm breit

Anleitung Seite 8 und 9

Schüssel aus Blattmotiven
Abbildung Seite 10

Wer die Vase gearbeitet hat, kann sehr gut mit den gleichen Arbeitselementen und -schritten eine dekorative Schüssel aufbauen.

Nach den üblichen Arbeitsschritten (Tonwulst einlegen, innen und außen versäubern) werden die Blattübergänge innen geglättet, während sie außen als Gestaltungsmerkmal sichtbar bleiben.

Zugeschnittener Boden sowie dazugehörige Motive: Im Gegensatz zur Vase sind die Blätter nicht nur außen, sondern auch am Oberteil der Innenseite *mit Muster versehen*.

Bei der *fertigen Schüssel* ist der Unterschied der Verarbeitung innen und außen deutlich zu sehen.
Je nachdem, wie groß die Motive gewählt werden oder wie sehr sie überlappen, braucht man ein Blatt mehr. Es empfiehlt sich, gleich eins mehr zuzuschneiden.

Hier werden die Blattmotive nicht auf den Boden, sondern geschlickert außen *an den Boden angesetzt*.

12

Lichtblume mit Teller
Abbildung Seite 14

Während zuvor mit den gleichen Elementen ein größeres Gefäß gestaltet wurde, kann man auch den umgekehrten Weg beschreiten: aus einem kleinen Boden und einem Kranz von Blättern wird eine Blume zur Aufnahme eines Teelichtes.

Hier werden die Blätter auf den Boden aufgelegt, nachdem sie an den Berührungsflächen aufgerauht und geschlickert worden sind.

Lichtblume mit und ohne Glasur

Der *Teller* ist eine sehr einfach herzustellende Keramik mit verschiedenen Gestaltungsmöglichkeiten.

Aus dem ausgerollten Ton schneidet man eine kreisrunde Platte (30 cm Ø) und schlägt mit einer scharfkantigen Leiste solange Strukturen ein, bis das Muster gefällt. Dann wird die Platte an verschiedenen Stellen am Rand hochgebogen und mit Papier zum Trocknen abgestützt.

Dasselbe geschieht mit dem *ovalen Stück*, nur wird hierbei der Rand gleichmäßig rundum 2 cm hochgebogen und abgestützt, weil sonst die Teile leicht abbrechen – so auch bei der Lichtblume.

Ringschale mit Lichtblume
Abbildung Seite 15

Die Schalen können nach den bisherigen Arbeitsschritten gebaut werden: Auf den Boden (22 cm Ø) werden ein äußeres (68 cm x 4 cm) und ein inneres (45 cm x 3,5 cm) Band nach Aufrauhen und Schlickern aufgesetzt und mit Tonwülsten verarbeitet. Die Blüten können mit dem Stück fest verbunden oder lose aufgelegt werden.

Die Schalen sind ein schöner Tischschmuck für viele Festlichkeiten. Der Kreativität der Ausschmückung mit Blumen, Zweigen und Kerzen sind keine Grenzen gesetzt.

Anleitung Seite 13

Röhren- und Halbröhrengefäße

Für die große Röhrenvase benötigen Sie eine Platte von 28 cm x 32 cm, für den Boden eine Platte mit den Maßen 11 cm x 11 cm. Die beiden Halbröhrengefäße bestehen aus zwei Teilen: Außenteile 23 cm x 15 cm bzw. 18 cm x 12 cm. Innenteile 23 cm x 11 cm bzw. 18 cm x 8 cm. Sind die Teile lederhart, werden sie bearbeitet wie auf Seite 8 und 9 gezeigt, zuvor jedoch in die Form einer Röhre oder Halbröhre gebracht.

Obstschale mit Vasen

Die *Schale* aus einer Platte von 25 cm x 25 cm erhält einen Fuß aus einem Band von 15 cm x 2 cm. Die *Vasen* sind 16 cm hoch und 9 cm breit bzw. 14 cm hoch und 7 cm breit.
Vor dem Zuschneiden dieser Stücke wird das auf den Abbildungen gut sichtbare Stoffmuster auf den Ton aufgebracht:

Ein Stoff mit Struktur wird auf den Ton gelegt. Das Rollholz wird so lange darüber gerollt, bis das Muster gut sichtbar ist. Erst danach werden aus dem Ton die Teile für die Schale und Vasen geschnitten. Der weitere Aufbau geschieht in den bereits auf den Seiten 8 und 9 beschriebenen Schritten.

Kastengefäße mit Applikationen

Abbildungen Seite 19, 20 und 21

Gegenüber den Röhrenvasen haben Kastengefäße gleich vier senkrechte Berührungslinien, weshalb sie zwar mehr Arbeit machen, aber auch reichlich variiert werden können.

Aufbau beginnt mit dem Aufstellen der Vorderseite auf den Boden, an die ein Seitenteil angefügt wird.
Auch hier muß in alle Nahtstellen von innen ein feiner Tonwulst eingearbeitet werden.

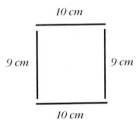

Ein passend angefertigtes Papiermuster erleichtert den Zuschnitt sehr, weshalb sich Millimeter- oder Karopapier empfiehlt. Da die Seitenteile auf den Boden aufgestellt werden, ist das hier gezeigte Standmuster zu beachten. Für die rechts abgebildeten Gefäße wurden folgende Maße gewählt:
Boden 10 cm x 10 cm, Vorder- und Hinterseite 10 cm, rechte und linke Seite 9 cm, Höhe jeweils 18 cm. Die Plattenstärke beträgt im Gegensatz zu der auf Seite 8 beschriebenen Stärke bei diesen Gefäßen 1 cm, weshalb hier beim Ausrollen Leisten von 1 cm Stärke zu nehmen sind!
Nach dem Zuschneiden müssen die Teile lederhart sein, um einen guten Stand zu erhalten. Alle Teile, die zusammengefügt werden, müssen an den Berührungslinien aufgerauht und eingeschlickert werden. Der

Alle Teile sollten gut miteinander verbunden sein. Eine gute Hilfe ist eine Holzleiste, mit der man die Platten an der Kante entlang aneinanderklopft, bis der Schlicker leicht heraustritt. Werden die Kanten nicht bis oben geschlossen, können sie, wie auf nebenstehendem Bild zu sehen ist, leicht aufgebogen werden.
Bei den auf Seite 21 gezeigten Vasen ist darauf zu achten, daß das obere Teil mit Einschnitt auf alle vier Seitenteile aufzuliegen kommt (gleiches Maß wie der Boden).
Die Applikationen werden ausgeschnitten oder geformt und vor dem Aufsetzen aufgerauht, geschlickert und gut an das Gefäß gedrückt. Hier können vielfältige Variationen ausprobiert werden.

Flachvasen

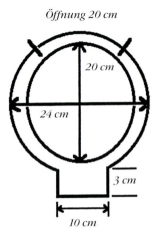

Bei der kleineren Vase (siehe untere Abbildung) beträgt der äußere Durchmesser 20 cm, der Fuß hat die gleichen Maße wie das große Gefäß, die Öffnung ist 16 cm lang.

Die Vasen werden nach dem Muster zugeschnitten und nach den Arbeitsschritten von Seite 8 und 9 aufgebaut.

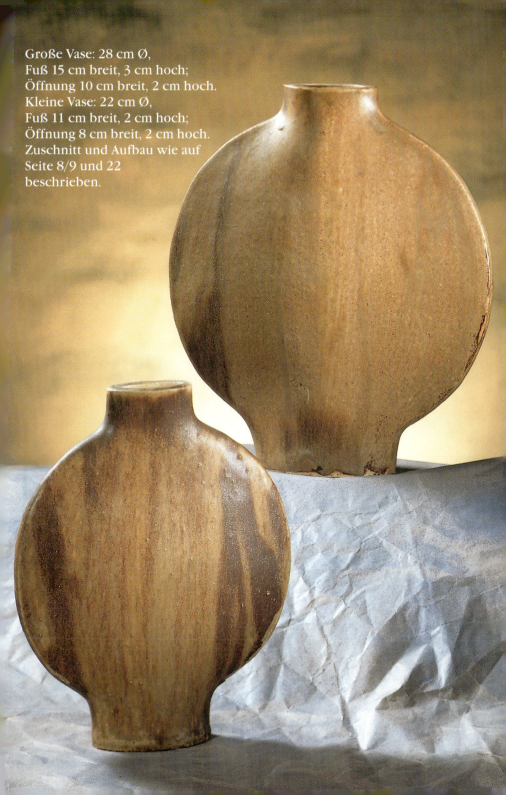

Große Vase: 28 cm Ø,
Fuß 15 cm breit, 3 cm hoch;
Öffnung 10 cm breit, 2 cm hoch.
Kleine Vase: 22 cm Ø,
Fuß 11 cm breit, 2 cm hoch;
Öffnung 8 cm breit, 2 cm hoch.
Zuschnitt und Aufbau wie auf
Seite 8/9 und 22
beschrieben.

Bandvasen in verschiedenen Variationen

Vasen mit runden Einschnitten

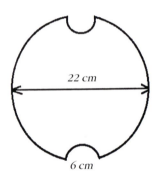

Wenn die Vase genau nach Muster zugeschnitten wird, gibt es wenig Probleme. Man schneidet zwei gleiche, kreisförmige Platten mit einem Durchmesser von 22 cm zu. Die halbkreisförmigen Ausschnitte oben und unten werden gleich groß, wenn man sie mit einem Glas ausstanzt. Das Band hat eine Länge von ca. 70 cm und eine Breite von 5 cm.

Die Platte wird am Rand aufgerauht und eingeschlickert; dann wird das ebenso vorbereitete Band auf die Platte aufgesetzt; nur so passen die beiden Platten zueinander.
Auch hier wird ein Tonwulst eingelegt und versäubert.

Wenn die Deckplatte lederhart ist, wird auch diese eingeschlickert und auf das Band aufgelegt. Schließlich wird das Gefäß außen und innen versäubert.

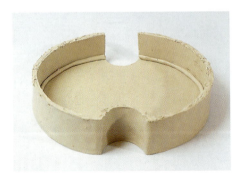

Dieses große Gefäß langsam trocknen lassen (in Folie verpacken).

Runde Vasen mit einfacher Öffnung

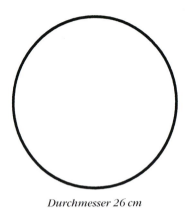

Durchmesser 26 cm

Die beiden Platten, die 1 cm stark sein sollten, werden, wie auf Seite 24 beschrieben, zugeschnitten und bearbeitet. Bei diesen beiden Gefäßen wird die Öffnung am Schluß bei der fertig erstellten Vase aus dem Band geschnitten.

Maße: 26 cm Ø, Band: 85 cm Länge, 6 cm Breite; Ausschnitt der Öffnung: 8 cm x 4 cm. Die zweite Vase ist im Maß 2 cm kleiner.

Gefäße für Gestecke, z. B. Ikebana

Vase mit Fuß und Baummotiv

Maße: Plattenstärke 1 cm; Ø 25 cm; Band: 78 cm Länge, 7 cm Breite; Tonstreifen für den Fuß: 28 cm Länge, 4 cm Breite.

Zuerst wird das Band auf die Bodenplatte aufgesetzt, der Tonwulst eingelegt und verarbeitet. Dann schließt man den Tonstreifen für den Fuß, gibt ihm eine ovale Form, verbindet die Nahtstellen gut und paßt sie der Rundung des Gefäßes an, indem man den Fuß mit einem Messer in Form schneidet.

Auf die Deckplatte wurde ein Baum modelliert. Diese Platte wird, wenn die Teile lederhart sind, an den Berührungsflächen zum Band hin aufgerauht, eingeschlickert, aufgelegt und gut verbunden, so daß keine Naht mehr zu sehen ist.

Dieses Gefäß darf nicht zu früh aufgestellt werden, da sonst der Fuß abbricht. Zum Schluß werden drei kreisförmige Öffnungen mit einem Durchmesser zwischen 2 cm und 2,5 cm ausgeschnitten.

Das Modellieren des Baumes:

Mit einem feinen Hölzchen (z. B. Zahnstocher) werden die Umrisse eines Baumes (Wurzeln, Stamm, Äste und Zweige) auf die Tonplatte geritzt. Von den Wurzeln ausgehend wird der Baum aufgebaut und modelliert. Dazu legt man entsprechend ausgeschnittene und geschlickerte Tonstreifen in die Umrißlinien und drückt diese an die Tonplatte, um zuerst grob, dann fein auszumodellieren.

Nach dem gleichen Verfahren können auch Blumen, Gräser oder Phantasiegebilde auf eine Tonplatte modelliert werden.

Vase mit Öffnung in der Mitte

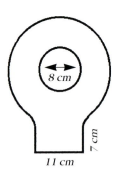

Hier wird der Boden (11 cm x 7 cm) eingesetzt, und alle Teile werden zusammengefügt.

Der Fuß ist bei dieser Vase nicht angesetzt, sondern mit dem Muster ausgeschnitten. Der Plattendurchmesser beträgt 24 cm; Bandlänge 65 cm und -breite 7 cm; das Tonband für die 8 cm breite Innenöffnung ist ca. 23 cm lang.

Die Vase wird sorgsam bearbeitet und alle Teile gut zusammengefügt. Wenn die Vase lederhart ist, kann man sie vorsichtig aufstellen.
Es werden dann drei Öffnungen ausgeschnitten, wozu sich als Muster der Schraubverschluß einer Wasserflasche eignet.
Auf der nächsten Seite ist die Vase im Rohzustand (oben) und fertig gebrannt (ganze Seite) zu sehen.

Das geschlossene Tonband wird in die Innenöffnung passend eingesetzt und fest gegen die Rundung gedrückt. Danach wird das Außenband auf die Platte aufgesetzt und verarbeitet (siehe Anleitung Seite 24).

Schmuckvasen

Diese beiden Stücke wurden geschlossen gearbeitet. In die fertigen Vasen wurden am Schluß drei Öffnungen geschnitten und ausgearbeitet.